翻开此书，直面微观世界病毒与细胞不断搏弈的精彩瞬间，重温人类发现病毒、战胜疾病的非凡历程，探索生命奥秘与神奇，感受科学无穷魅力和伟大力量！

徐建国

中国工程院院士

传染病预防控制国家重点实验室主任

“小病毒 大世界”

健康科学绘本

病毒，你从哪里来

刘欢　陈逗逗◎著　心阅文化◎绘

长江出版传媒 | 长江少年儿童出版社

图书在版编目（CIP）数据

病毒，你从哪里来 / 刘欢，陈逗逗著 ；心阅文化绘 . — 武汉 ：长江少年儿童出版社，2021.7
（“小病毒　大世界”健康科学绘本）
ISBN 978-7-5721-1226-3

Ⅰ . ①病… Ⅱ . ①刘… ②陈… ③心… Ⅲ . ①病毒－少儿读物 Ⅳ . ① Q939.4-49

中国版本图书馆 CIP 数据核字 (2021) 第 013402 号

“小病毒 大世界”健康科学绘本 · 病毒，你从哪里来
“XIAO BINGDU DA SHIJIE” JIANKANG KEXUE HUIBEN · BINGDU, NI CONG NALI LAI

作者：刘欢　陈逗逗　著　心阅文化　绘 / 出品人：何龙 / 总策划：姚磊　何少华 / 责任编辑：胡星　陈晓蔓　郭心怡 / 设计指导：彭哲 / 视频讲解：高丁

美术编辑：徐晟　董曼 / 责任校对：莫大伟 / 绘画：心阅文化工作室　朱芳　王红节 / 出版发行：长江少年儿童出版社 / 业务电话：（027）87679174

网址：http: // www.cjcpg.com / 电子信箱：cjcpg_cp@163.com / 印刷：湖北新华印务有限公司 / 经销：新华书店湖北发行所 / 印张：3.33

版次：2021年7月第1版 / 印次：2023年3月第2次印刷 / 印数：10001–15000册 / 规格：787毫米×1092毫米 1/12 / 书号：ISBN 978-7-5721-1226-3 / 定价：40.00元

刘欢

中国科学技术大学副教授，中国科普作家协会理事，亚太生物安全协会会员，国务院应对新型冠状病毒肺炎疫情联防联控机制科研攻关组专家。主要从事微生物学、病毒免疫以及科学技术史与健康教育研究。代表作品有《剑与盾之歌：人类对抗病毒的精彩瞬间》《剑与盾之歌：瘟疫与免疫的生命竞技场》等，三次荣获全国优秀科普作品，两次入选全国优秀科普微视频作品，多次被评为中国科学院优秀科普图书、安徽省优秀科普作品、湖北省优秀科普作品、北京十大好书等。个人被授予“国际科普作品大赛科普贡献者”、“生命英雄”健康传播大使、“楚天科普人物”、北京“最美科技工作者”、“典赞·科普中国”科普特别人物等荣誉称号。

陈逗逗

中国科学院武汉病毒研究所科研项目主管，长期从事科学传播工作，组织举办了科普作品大赛、“病毒小百科”征文大赛等活动。发表有《小儿麻痹症多久没听见了？ 24 年！》等科普文章。主创的《没有硝烟的战争：人类与流感病毒》等多部科普微视频，入选全国优秀科普微视频作品、中国科学院十大优秀科普微视频等。个人被授予“湖北省全国科普日先进个人”荣誉称号。

作者的话

病毒从哪里来？病毒都是可怕的敌人吗？怎样预防病毒引起的疾病呢？

在我们生活的这个蔚蓝星球上，病毒可以说是最神秘的生命形态之一。我们看不见也摸不着病毒，它们却与我们如影随形，时刻相伴。近年来，受到气候环境变化和人类频繁活动的影响，冠状病毒、流感病毒、埃博拉病毒等引起的传染病不时暴发，这些疾病流行性广、危害性大，严重影响了我们的身体健康和社会生活。

大家可曾认识和了解它们？现在，翻开这套《“小病毒 大世界”健康科学绘本》，病毒世界的面貌会栩栩如生地呈现在我们面前。

这套绘本图文俱佳，生动活泼的病毒形象，会带领我们走近病毒，踏上微观宇宙的启蒙之旅。在这里，大家可以了解生命的起源和人类发现病毒的历史，领略病毒与细胞之间没有硝烟的战场，体会人类掌握疫苗武器消灭传染病的伟大历程。更重要的是，大家在阅读后能学习到科学防范传染病的健康知识，认识到病毒、细菌、动植物包括人类都是大自然中的一员，从而树立起人与自然和谐共生的科学理念。

习近平总书记指出：“人类同疾病较量最有力的武器就是科学技术。”这套书还展现出在人类与病毒抗争的过程中科学技术发挥的巨大力量，以及伟大的科学家精神。小朋友们，了解对抗病毒的科学技术，体验科学发现的过程，探寻追求真理的方法，不仅有助于提升我们的科学素养，也有利于社会文明的进步。

强国之基在养蒙。愿这套小小的健康科学绘本，在大家心中种下科学的种子，培养探索世界的兴趣和开拓未来的勇气。接下来，让我们一起进入奇妙的病毒世界吧！

很久很久以前，我们居住的地球酷热非常，一片荒芜，就像一个被风干的苹果，表面皱纹密布，高低不平。随着地球表面温度的降低，大量的水蒸气变成雨水落下来，滔滔的洪水又汇集形成古老的海洋。

古老的海洋里面汇聚了各种各样的营养物质，在闪电和紫外线热心的“帮助”下，某个神奇的瞬间，第一个细胞在海洋中诞生啦！

经过悠长的岁月，单细胞生物进化成多细胞生物，又逐渐形成了多样的远古海洋生物。

当第一个充满好奇心和探索精神的海洋动物登上大陆，属于陆地动物的时代来临。慢慢地，像猎狗一样大的蜘蛛、始巨鳄、原颚龟、异齿龙、林蜥陆续出现在地球上。接着，地球霸主——恐龙一统大陆。

世界上最古老的“氧气生产商”

蓝藻起源于约35亿年前，利用水和阳光制造氧气。蓝藻等藻类的出现，为陆地生命的起源创造了条件。

安能辨别是雌雄

草履虫是原生动物的代表种，它是雌雄同体的单细胞动物，因形状看上去像一只草鞋底而得名。

构造多变的远古生物

三叶虫出现于5.6亿年前的寒武纪，在地球上生存了3.2亿多年。具有不同生活习性的三叶虫，身体构造也各有特点。

地球上的活化石

鹦鹉螺外壳形似鹦鹉嘴，出现于5亿多年前，是现存软体动物中最古老的种类，有“活化石”之称。

后来，可能是一颗迷路的陨石意外撞击了地球，极大地破坏了地球的生态环境，恶劣的生活条件和食物的稀缺让恐龙逐渐走向灭绝。幸运的是，顽强存活下来的生物仍在不断繁衍，地球上的生命重新变得繁荣。

沧海桑田，最终地球上的生命变成现在我们看到的样子：形态各异的动物、色彩缤纷的植物、无处不在的微生物，生物类别丰富多样，人类与各类生物和谐相处。这就是生命发展的奇妙故事。

生命体有什么特征呢？
生命体可以通过新陈代谢与外界不断地进行物质与能量交换，有生长、发育、遗传、变异等特征。
生命体是可以独立生活、生长和繁殖的。植物依靠阳光和土壤生长，动物从植物或其他动物中获取营养而生存。它们不断生长和繁育后代，地球上的生命变得繁荣，并不断延续。

植物、动物、微生物都是由细胞组成的。有的由一个细胞组成，比如细菌；有的由很多细胞组成，比如人体。我们的每一次呼吸、运动、思考，都是细胞在辛勤地工作。

17 世纪，英国科学家罗伯特 · 胡克用自制显微镜观察到软木薄片上有许多“蜂窝”，他给这些“蜂窝”取名叫“细胞”。细胞无处不在，它们一般都很小，我们用眼睛看不到。不过也有一些例外，比如，鸡蛋的蛋黄就是一个细胞。细胞虽然不大，却是构成生物体的基本元件哦！

小小的细胞是如何组成庞大的生命体的呢？它们是怎样支持生命存在的呢？不同的细胞里面又隐藏着怎样不同的生命秘密呢？让我们带着这些问题，开始一场探索旅途吧！

细胞“超级帝国”

人体内的细胞数量约有40万亿~60万亿个，是名副其实的细胞“超级帝国”。数量庞大的细胞精诚团结，造就了人体世界的多姿多彩。人体细胞中最大的是成熟的卵子，直径20微米左右；最小的是血小板，直径只有约2微米。

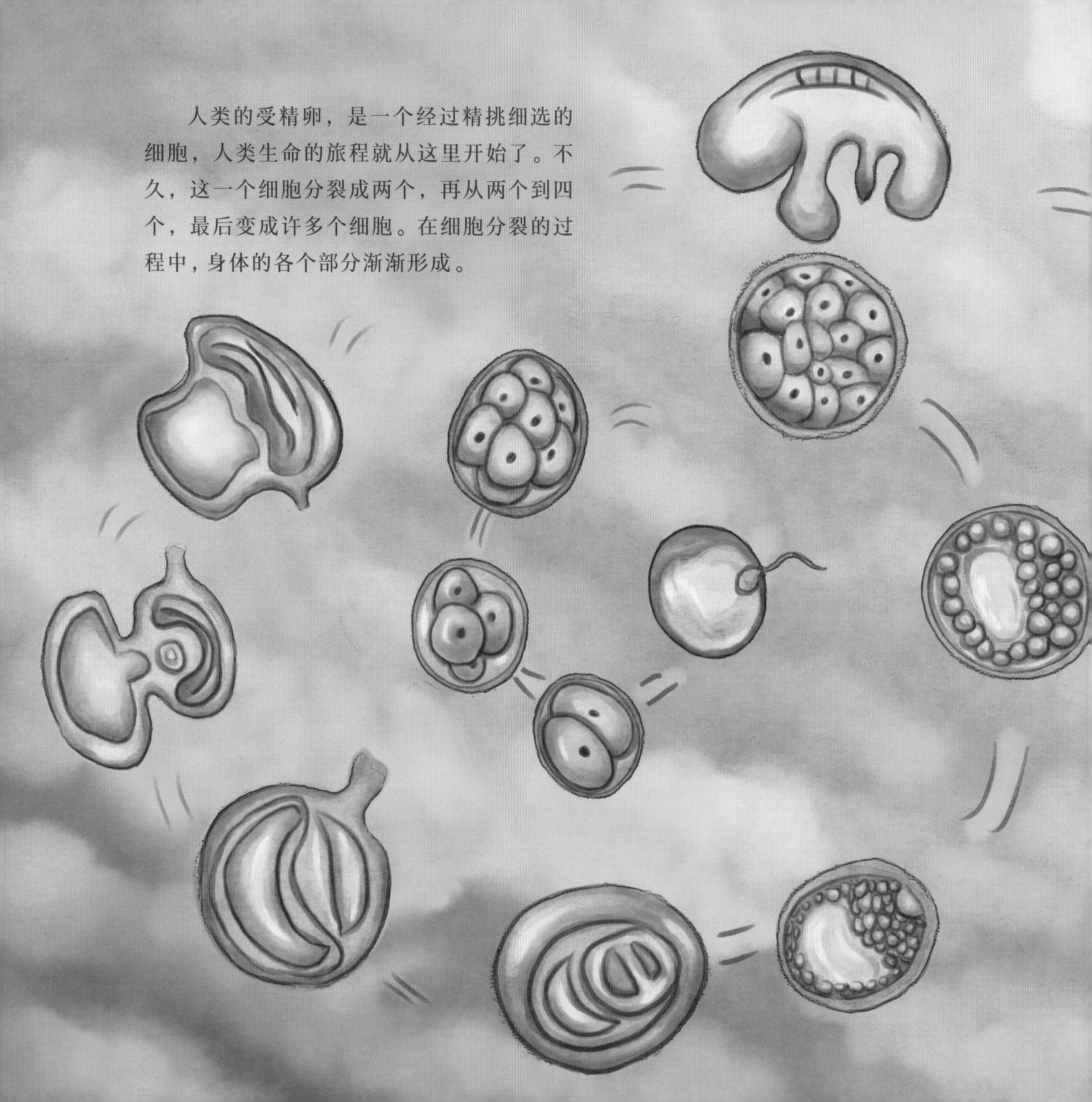

人类的受精卵，是一个经过精挑细选的细胞，人类生命的旅程就从这里开始了。不久，这一个细胞分裂成两个，再从两个到四个，最后变成许多个细胞。在细胞分裂的过程中，身体的各个部分渐渐形成。

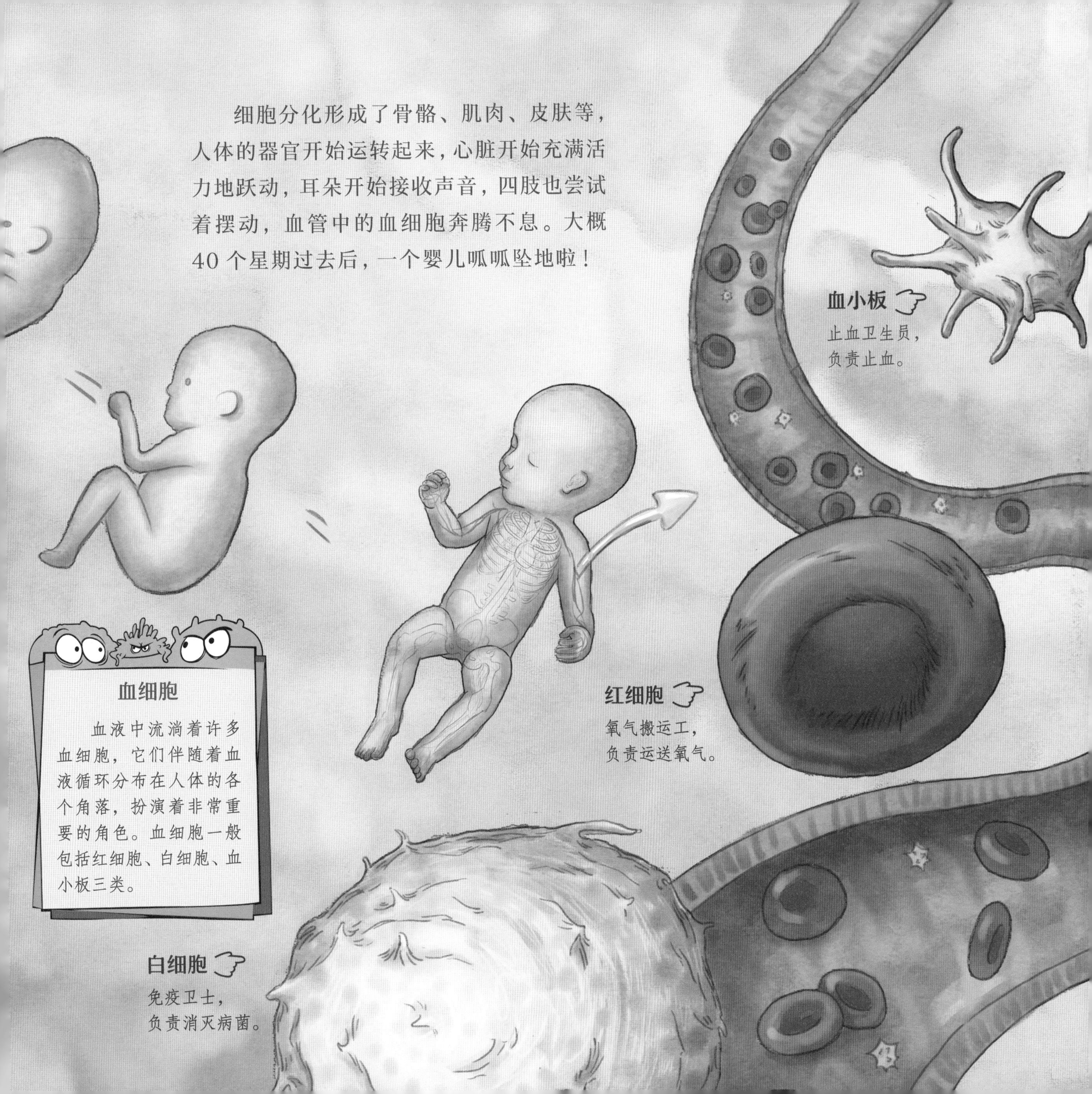

细胞分化形成了骨骼、肌肉、皮肤等，人体的器官开始运转起来，心脏开始充满活力地跃动，耳朵开始接收声音，四肢也尝试着摆动，血管中的血细胞奔腾不息。大概40个星期过去后，一个婴儿呱呱坠地啦！

血细胞

血液中流淌着许多血细胞，它们伴随着血液循环分布在人体的各个角落，扮演着非常重要的角色。血细胞一般包括红细胞、白细胞、血小板三类。

细胞膜有多重要?

细胞膜的出现是原始生命形式进化成细胞的最大标志之一。细胞膜使细胞内外形成了相对独立的空间。细胞膜具有控制生物分子进出的功能，即选择透过性。如果丧失了这种功能，细胞就失去了相对独立的生存环境，进而死亡。

借助电子显微镜的“透视”能力，我们可以看到细胞内部的奇妙构造。就像城池外有城墙保卫，我们的细胞也有一道“城墙”——细胞膜。

细胞膜可以维持细胞的形状，还是尽职尽责的“卫士”，掌控着进出细胞的“各路人马”。水和氧气可以自由地通过细胞膜，大一些的生物分子，比如糖类和蛋白质，则必须通过特制的“通道”才能进入。再大一些的物质如果想进入，只能拿特制的“钥匙”，打开细胞膜上的“门”才能进入呢！

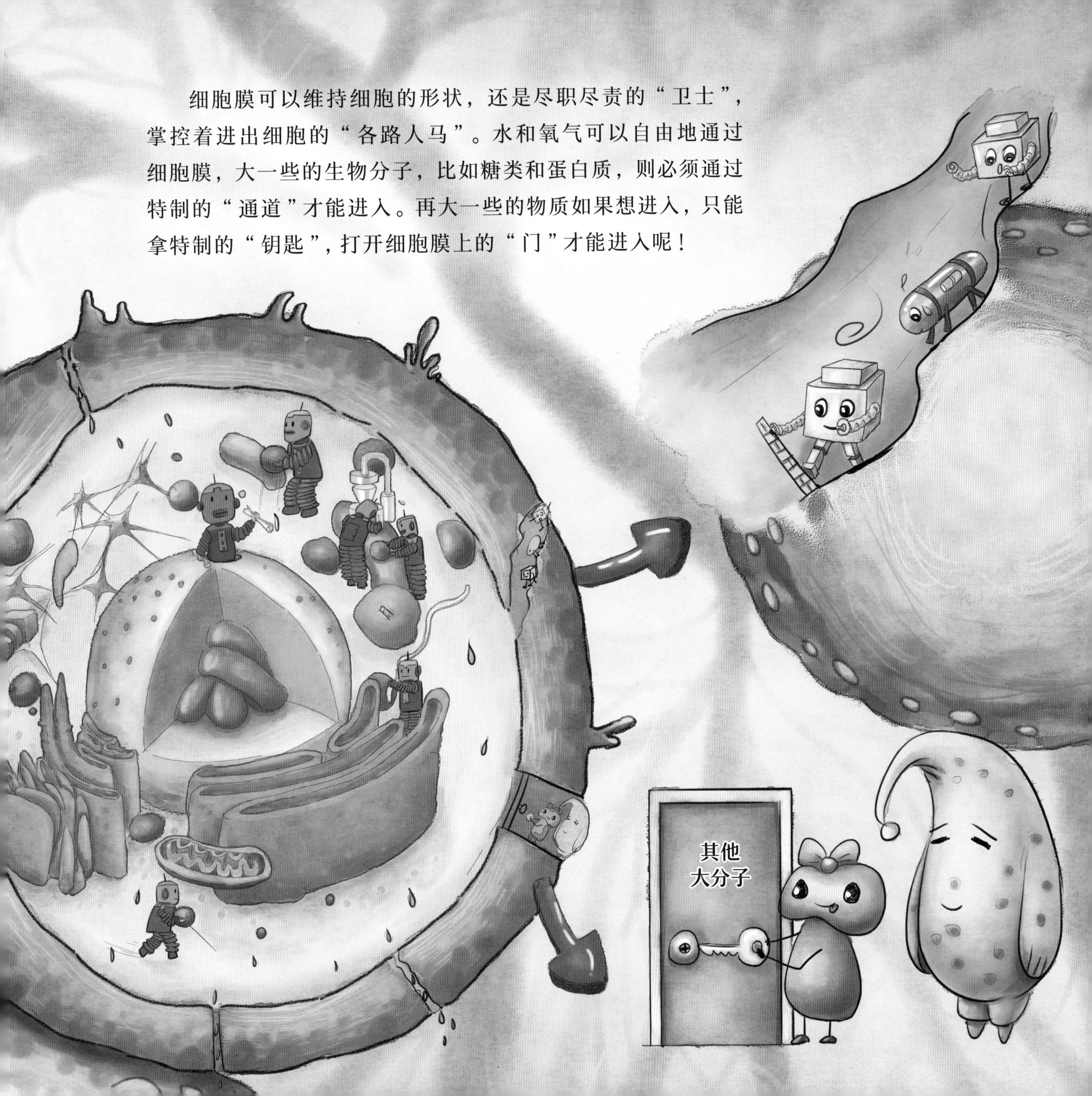

细胞膜紧紧包裹着细胞质。细胞质包括膜里面的半透明液体，和各种无时无刻不在辛勤工作的“微型机器”——细胞器。

细胞质

细胞质是细胞生活所必需的物质。在细胞膜出现前，黏土和海水组成的水凝胶就像细胞质一样，可能是古老生命形式生活并进化产生细胞的模拟场所。

线粒体是细胞器的一种，犹如细胞内部高速旋转的“涡轮”，为细胞的生存带来能量，是细胞内的“动力发生装置”。人体的心跳、呼吸、思考，都要依靠这些机器产生的“微动力”。

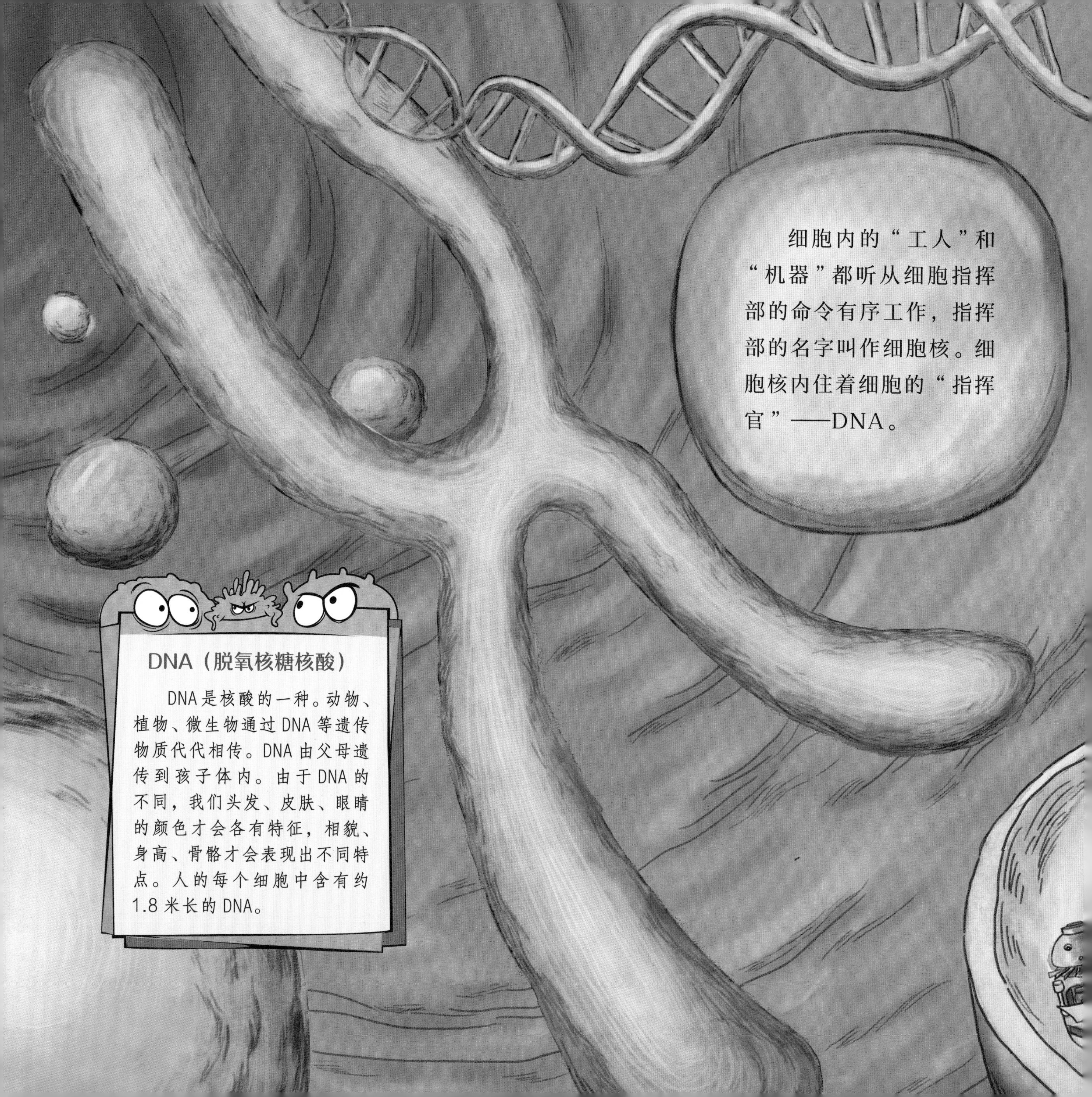
细胞内的“工人”和“机器”都听从细胞指挥部的命令有序工作，指挥部的名字叫作细胞核。细胞核内住着细胞的“指挥官”——DNA。
DNA（脱氧核糖核酸）
DNA是核酸的一种。动物、植物、微生物通过DNA等遗传物质代代相传。DNA由父母遗传到孩子体内。由于DNA的不同，我们头发、皮肤、眼睛的颜色才会各有特征，相貌、身高、骨骼才会表现出不同特点。人的每个细胞中含有约1.8米长的DNA。

“指挥官”DNA 长得像一根长长的麻花，在指挥部中发布命令，指挥细胞中的“工人”在什么时候工作、制造什么材料、如何进行组装。DNA 携带着遗传信息，是我们的生命密码。为什么我们长得像爸爸妈妈？正是因为我们的DNA来自他们。

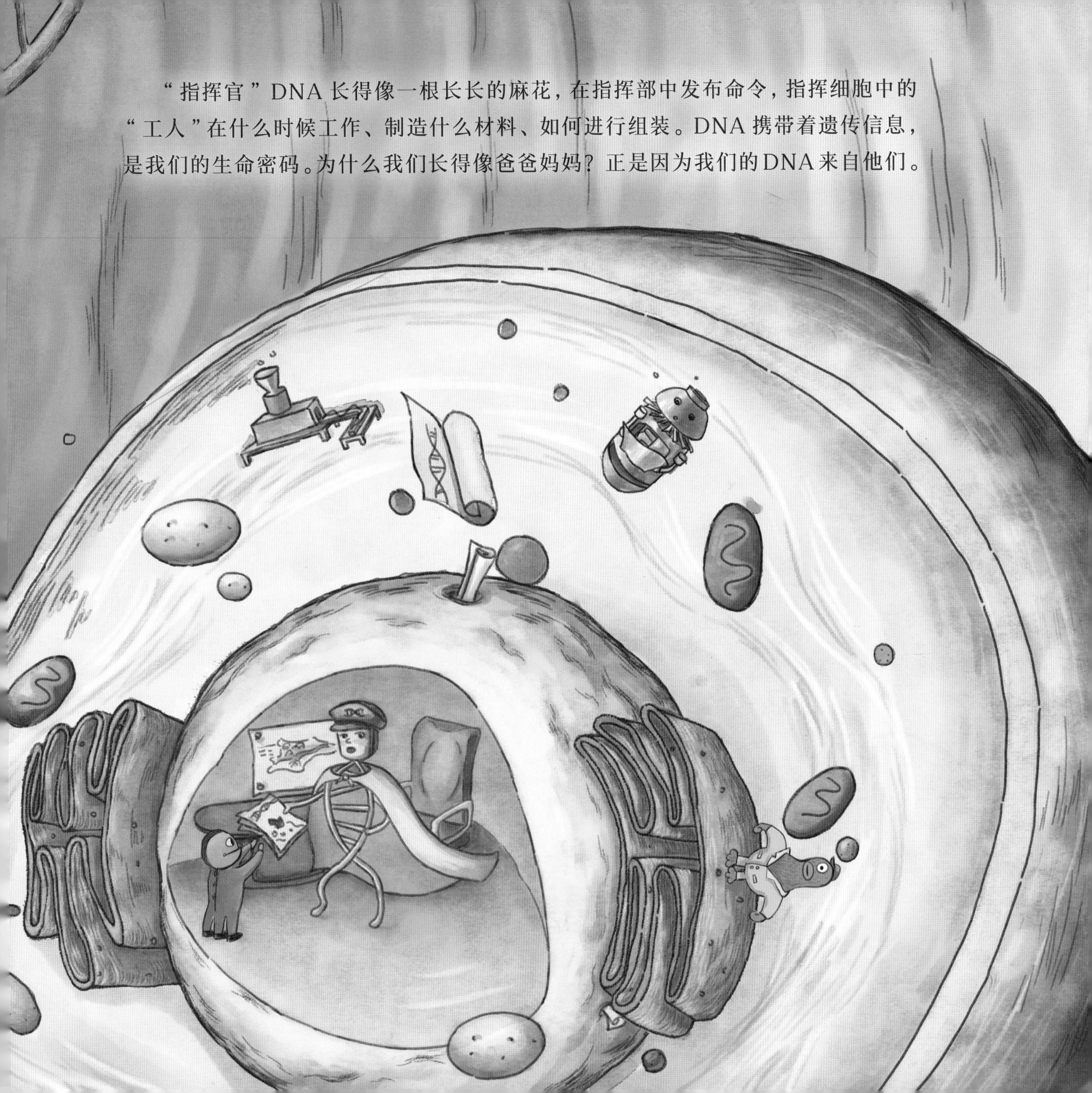

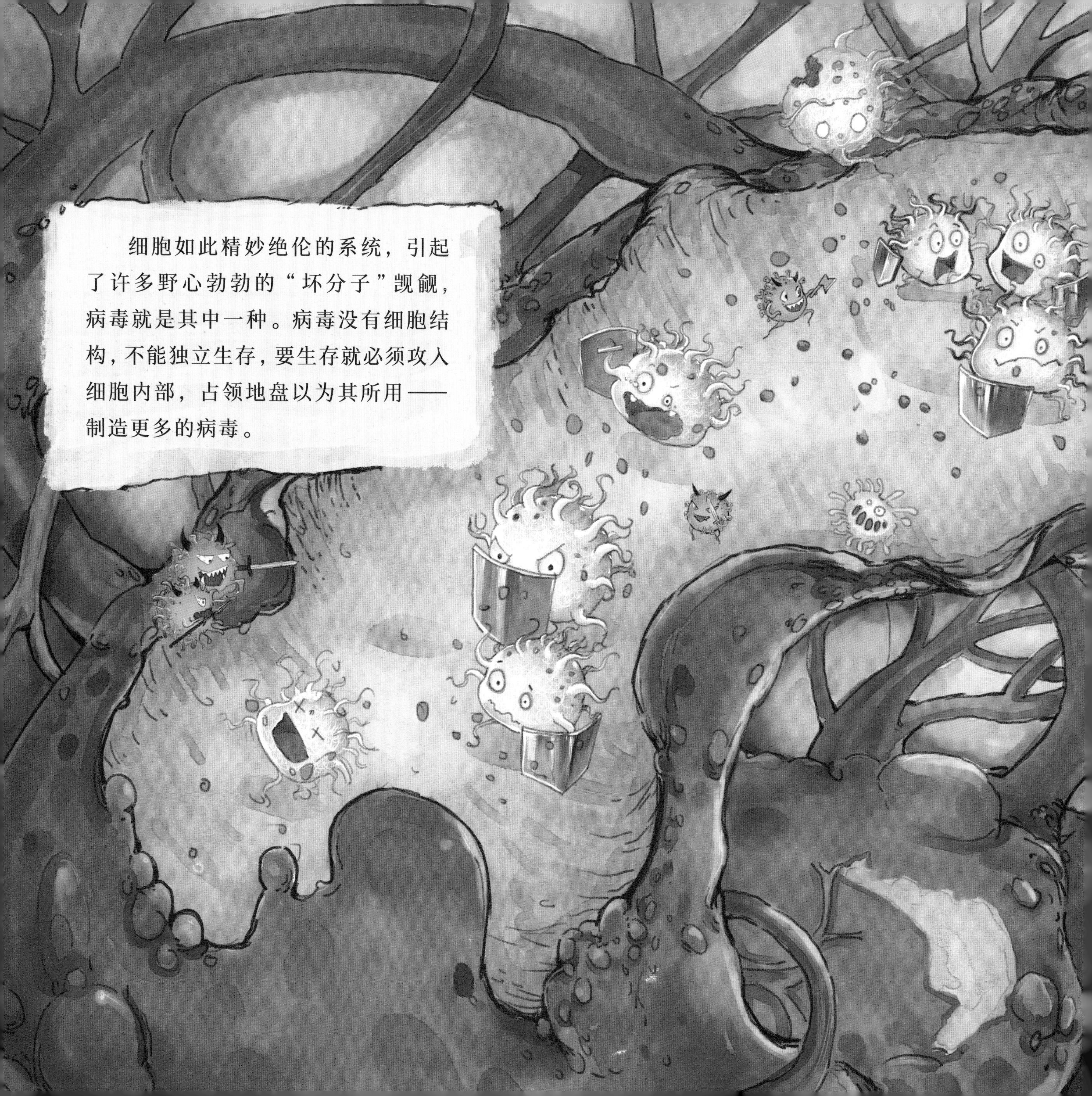

细胞如此精妙绝伦的系统，引起了许多野心勃勃的“坏分子”觊觎，病毒就是其中一种。病毒没有细胞结构，不能独立生存，要生存就必须攻入细胞内部，占领地盘以为其所用——制造更多的病毒。

我们的细胞每时每刻都在遭受病毒的轰炸，自己却常常不会察觉。病毒构造精良，都抱着一个目标——突破重重防线入侵细胞。一旦它们的诡计得逞，就能挟持整个细胞，并在细胞内生产和释放新的病毒。

病毒的形状

病毒通常是球形的，也有杆状或者不规则形状的。每一个病毒的表面都分布着许多“凸起”，当这些“凸起”和细胞表面的“凹陷”结合时，病毒就能打开细胞的“大门”，蹑手蹑脚地溜进去。

病毒进入细胞后，从内部破坏细胞，让整个“细胞大厦”坍塌，然后如洪水般涌向邻近的其他细胞，不断地向周围扩散。这些过程可导致细胞“受伤”“瘫痪”“死亡”，所以会引起身体不适，严重时还会引发急性炎症，甚至死亡。

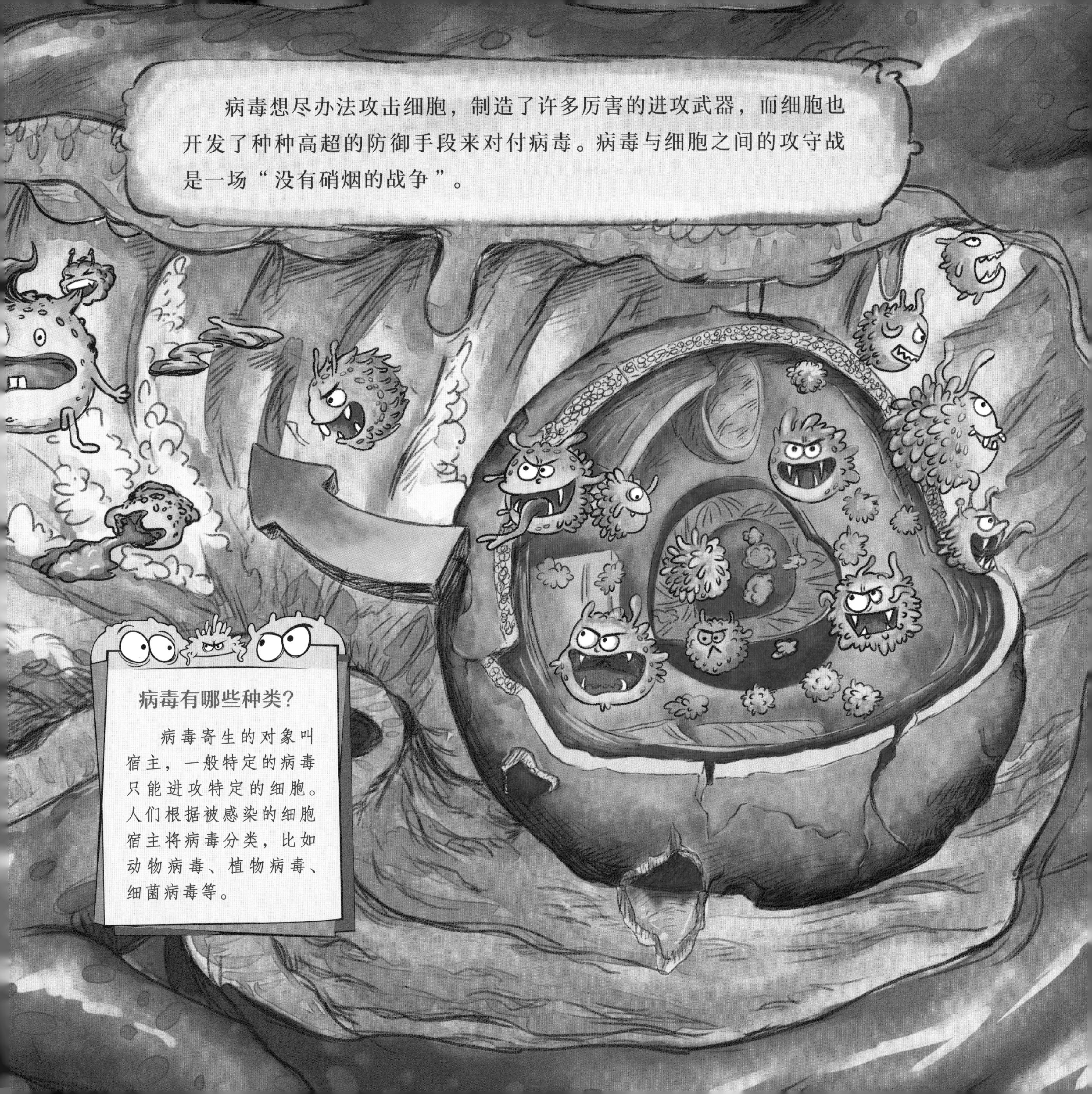
病毒想尽办法攻击细胞，制造了许多厉害的进攻武器，而细胞也开发了种种高超的防御手段来对付病毒。病毒与细胞之间的攻守战是一场“没有硝烟的战争”。
病毒有哪些种类？
病毒寄生的对象叫宿主，一般特定的病毒只能进攻特定的细胞。人们根据被感染的细胞宿主将病毒分类，比如动物病毒、植物病毒、细菌病毒等。

病毒从哪里来呢？ 关于病毒的起源，一般有三种推测。

第一种推测认为，病毒跟细胞一样，是古老生命物质的后代。在地球上还没有出现细胞的时候，海洋里就已经存在一些生命必需的物质，比如核酸、蛋白质，等等。这些生物大分子就是病毒的“前身”。

生物大分子
指生物体细胞内存在的蛋白质、核酸、糖类等，这些活泼的“小精灵”是细胞核、细胞质、细胞膜的重要组成成分，构成细胞生命大厦的基本框架。
一些物质机缘巧合下被膜包围，形成了细胞。另一些物质则继续保持非细胞形态，慢慢地适应在细胞内寄生，成为我们目前所知道的病毒。

第二种推测认为，病毒是失去了“微型机器”等结构和一些其他功能后的细胞。

在很早以前，有些细胞寄生于其他细胞之中，细胞彼此间不分你我，处于一种高度共生的生命状态。

共生生物

共生是指两种或两种以上生物生活在一起的相互关系。自然界的动物、植物、微生物都存在共生现象。人体肠道里居住着许多种细菌，这些细菌从肠道中获取营养，同时又调节人体免疫功能，与我们互利共生。

在长期的寄生生活中，寄生细胞的细胞器因为没有用武之地，渐渐退化并被“丢弃”，只保留了核酸等具有“自我”属性的物质，渐渐简化成我们所知道的病毒。

第三种推测认为，病毒原本就是细胞中的一部分物质。由于某些原因，病毒的“祖先”脱离了细胞而独立存在。

这些病毒的“祖先”拥有复制并产生后代的能力，却缺乏复制所需的能量和场所，所以仍然要寄生在细胞里，借助细胞生活并生产后代，开疆辟土。

细胞的朋友与敌人

游离于细胞核之外有一种可以自我复制的核酸，它叫作质粒，广泛存在于细菌细胞、植物细胞和动物细胞中。质粒是协助细胞生存和复制的“助手”，是细胞的“好朋友”；病毒却是利用细胞生存和复制的“杀手”，是细胞的“敌人”。

形形色色的细胞

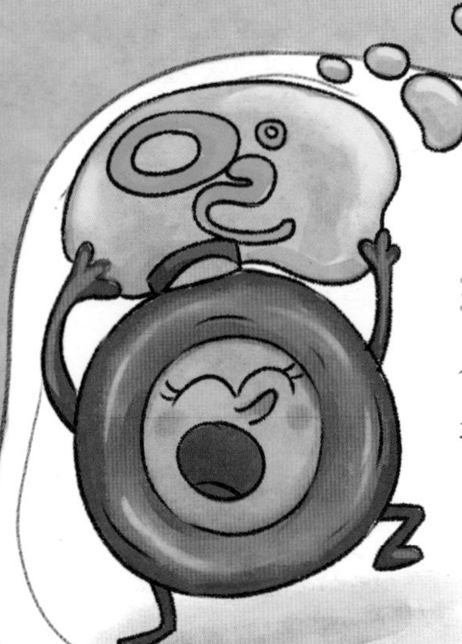

红细胞

扁扁搬运工，
运氧跑得快。

B 细胞

注意！注意！
发现病毒！发射！

巨噬细胞

没有什么敌人是不
能靠吃消灭的。

神经细胞

我的传递速度
可比高铁
还快呢！

肌肉细胞

我的一小步，
是人类的一大步。